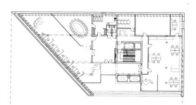

建筑案例抄绘手册

展览建筑篇

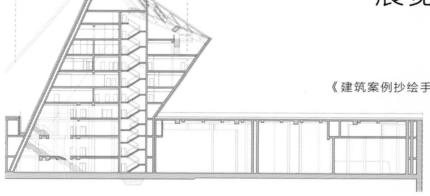

《建筑案例抄绘手册》编写组——编

付云伍——译

GUANGXI NORMAL UNIVERSITY PRESS 广西师范大学出版社　images Publishing

建筑案例抄绘手册

展览建筑篇

《建筑案例抄绘手册》编写组——编

付云伍——译

广西师范大学出版社
·桂林·

images
Publishing

目录

为什么
要做建筑抄绘

马 进

东南大学建筑学院教授

建筑手绘是建筑师最古老的技艺。随着众多计算机辅助设计软件的出现，建筑手绘的必要性受到很多人的强烈质疑，在建筑学高等教育的能力培训方面，大家也对这个问题争论不休。建筑手绘是建筑构思和传达设计意图最迅速，并且具有一定直观性的技艺，即使出现了"草图大师"（SketchUp）这样非常便利的辅助程序，手绘也还是很多人记录最初想法的方式。作为一个高阶的建筑师，一定要能高效、迅速地给自己的团队下达设计指令、沟通技术问题，这就需要手绘来完成。所以，计算机永远无法替代手绘。

建筑抄绘是手绘的重要部分，在复印机、数码相机、智能手机、网络、大存储量硬盘普及的今天，其存在性会更加被动摇。毕竟，在收集资料的效率上，抄绘是非常低的。复印机、数码相机、智能手机、网络、大存储量硬盘……这些东西可以快速地收集资料，而且在储存和交流方面很方便。简单地"咔嚓"一声就可以把资料收入自己的硬盘，只需要不到 1 秒钟的时间，而抄绘一个完整的建筑，至少需要 1 个小时。那么，我们现在为什么还要进行建筑抄绘呢？

首先，大家要清楚建筑抄绘的目的是什么。建筑抄绘从来不是为了收集资料的，它是一种建筑设计的训练，是通过手与脑的配合，精读案例、分析与复盘，最终转化为自己的建筑体验和设计经验。明白了这个目的，我们就会进一步清楚自己应该怎样去做建筑抄绘。建筑抄绘一般分三个进阶的阶段。

01
一丝不苟

第一个阶段：一丝不苟。这个阶段是建筑学习的入门阶段，是对单个项目方案的系统性学习阶段。在这个阶段，抄绘的主要目的是全面系统地消化吸收建筑实例。所以，这个阶段需要安排一些资料全面的案例——案例要有完备的外观和室内照片、总平面图、各层平面图、剖面图。这个阶段的抄绘对象最好有文字解说进行辅助理解。可以先看一看建筑师简介、项目简介、有关分析论文等，尤其是一些比较早的大师的经典案例和相关的研究性文章。这个阶段不建议看太新的资料，尤其是仅仅从一些网站上得到的以及一些非正式的案例介绍，因为缺乏一些专业人士的研究，学到的东西会较为肤浅，就好像胃口不好的病人，要吃流质食物才能消化吸收一样。为了汲取较为系统的知识，最好选取一些针对性较强的出版物，如很多著名大师和设计事务所都有专辑，有些研究性的专辑会有大量的分析图来解析作品。这个阶段的抄绘画法，还是以硫酸纸蒙画或白纸绘图本来临摹为主，抄绘者需要全面地、认真地把整套方案的图纸（除不重要的地下车库平面和变化较少的标准层平面外）全部画下来。在没有达到一定水平的情况下，我奉劝新手们，宁可做点"苦功"，也不要"投机取巧"，随意省略——也许你省略的部分正是有些案例精妙的地方。切记，不要总是画外观效果，参摹造型手法，要从内外全面认识建筑。原画描完后，还可以加上各种分析线、框图和标注发现的心得。每个案例可能需要半天甚至一天来抄绘，但是只有这样的精度，才能非常扎实地打好基础。我本人就曾经用了几周时间精描了诺曼·福斯特事务所的一本专辑，其中的香港汇丰银行、伦敦BBC电视台新总部等项目都花了好几天来学习。

02 "只鳞片爪"

第二个阶段："只鳞片爪"。这个阶段是精进的阶段，这个时候的学习者是具有一定的知识储备和能力基础的，是有目的地在资料里寻找针对自己问题的解决方法，或者在对自己的某方面不足进行针对性的训练。这个阶段的抄绘对象可以不拘泥于整套方案资料，可以仅仅是一张总图、某层的平面甚至是局部平面、一段剖面、一个节点。这时候的抄绘者，已经能把整个建筑问题进行较为全面的把控，不再需要积累很多技法上的东西，而更关注概念和完成度。所以，案例中两头的闪光点——构思来源和细部节点常常是他们的研究对象，还有一些如结构体系、设备整合等问题，也渐渐进入他们的核心视野。这个阶段就不再推荐一定要看大师、著名事务所的作品了，因为很多建筑师虽然没有成名，但是水平非常高，很多默默无名的作品中的精彩之处同样令人拍案叫绝。以我的成长经历为例，我在大学期间对大师、流派如数家珍，会模仿很多大师的手法，后来我就渐渐把他们"遗忘"了，也不去看拿到的资料的设计者是谁，仅凭自己的喜好和需要去看资料。这个阶段的画法也到了一个转折性的阶段，你会根据抄绘的对象来确定画法，如总平面的城市关系，可能只有寥寥几笔记录建筑界面、视觉通廊、重要轴线这样的信息而已；而节点详图还是会画得相当细致，关键点也标注得很清楚。

03 "物我两忘"

第三个阶段："物我两忘"。这个阶段的建筑师已经开始树立自己的创作观，看资料的目的不是简单的学习，而是以实例为镜子对照自己，激发自己的想法。这个阶段抄绘的方式、方法会比较自由，设计师常常是在设计间隙斜倚在椅子上，一边翻阅，一边随手勾画。工具也会十分灵活，也许是一片纸片、也许是iPad、也许是菜谱和餐巾纸……画下来的东西往往不是参照的案例，而是由案例引起的联想。这种草图的风格往往会因学习的目的而定，或潦草狂放，或简练精准，或乱成一团，但只要达到辅助构思，激发灵感的目的即可。有些人会羡慕大师的草图，觉得非常潇洒。其实大师们的草图风格也是很多样化的：诺曼·福斯特和伦佐·皮阿诺的草图比较工整，线条挺直、比例准确；斯

> **抄绘是建筑师一辈子打磨自己功夫的方法——任何靠技艺吃饭的行业，都需要常年像武士擦拭自己的刀具一样持续地锻炼自己的功夫，让它深深刻在肌肉中、骨髓里。**

蒂文·霍尔的草图往往结合了水彩渲染，强调在草图中表达体块感和光影；阿尔瓦罗·西扎的草图不但潦草一些，而且向一个方向倾斜，我试着临摹了一下，判断应该是由于他非常慵懒地斜靠在沙发上绘画造成的。这时的抄绘，已经变成了"超绘"——能够依靠案例的刺激来激发自己的创意是最重要的。那么，绘画的效果就不是值得在意的事情了，这就是"物我两忘"的境界啊！

由广西师范大学出版社出版的《建筑案例抄绘手册》系列图书非常适合建筑师积累设计素材、提高手绘能力和培养设计语感。与其他抄绘材料不同的是，这本书增加了比例尺，帮助读者建立尺寸与尺度的空间意识，并且标示了建筑的透视线，辅助读者进行建筑透视的绘画，这对建筑抄绘来说是十分重要的一个环节。此外，本书还对平面图与剖面图进行了对位处理，对快速、深入地理解建筑空间很有帮助。

其实，抄绘是建筑师一辈子打磨自己功夫的方法——任何靠技艺吃饭的行业，都需要常年像武士擦拭自己的刀具一样持续地锻炼自己的功夫，让它深深刻在肌肉中、骨髓里。所以这三个阶段的划分并非绝对，三个阶段的抄绘会或多或少地在建筑师的职业生涯里持续着……

今天，你抄绘了吗？

使用指南

读信息

了解建筑师和建筑项目的设计背景

读理念

了解设计意图和设计要点

描形体

通过透视线学习空间关系、体量关系、立面造型、材料肌理、立面元素

描室内

学习室内外关系、空间形态和细部构造

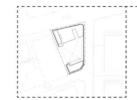

Platform-L 当代艺术中心

地点 | 韩国，首尔市
面积 | 313 平方米
时间 | 2016 年
建筑设计 | JOHO 建筑事务所
摄影 | Åke Eson Lindman, Henning Larsen

这是一个由多种类型的文化空间构成的综合建筑。在规划阶段，为了克服场地的局限性（一个只有 60% 建筑覆盖率的一类普通住宅区），建筑师对地下空间进行了最大化的利用。在地下 20 米处修建了一个可容纳 160 个座位的表演大厅，通过使用可伸缩座位和活动墙系统，可以举办各种类型的展览、表演和集会。位于地上的楼层内设有旗舰店、艺术馆、餐厅、VIP 酒廊和办公室。

NOTES

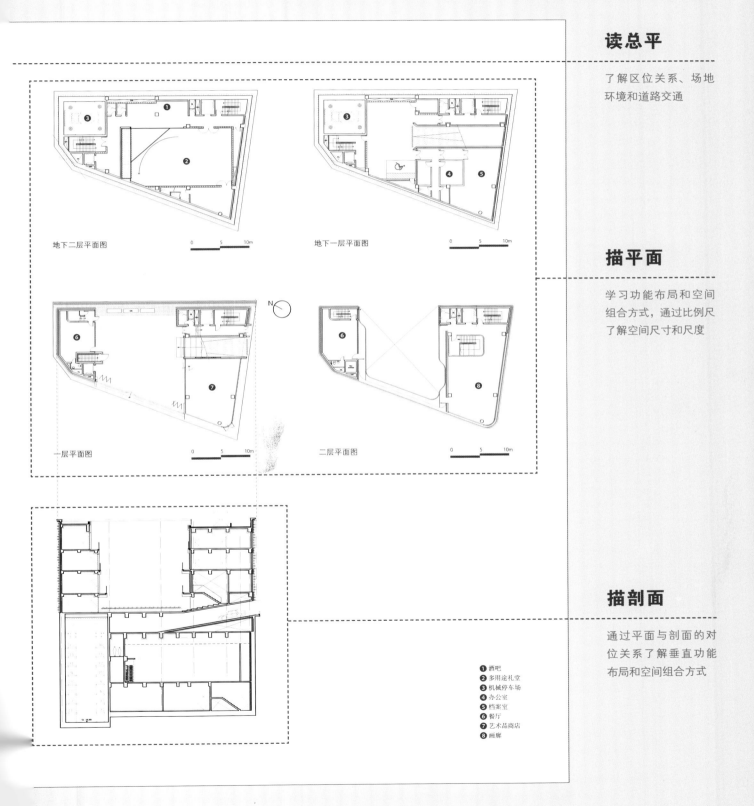

地下二层平面图　　　　　0　　5　　10m

地下一层平面图　　　　　0　　5　　10m

N

一层平面图　　　　　　　0　　5　　10m

二层平面图　　　　　　　0　　5　　10m

❶ 酒吧
❷ 多用途礼堂
❸ 机械停车场
❹ 办公室
❺ 档案室
❻ 餐厅
❼ 艺术品商店
❽ 画廊

读总平

了解区位关系、场地
环境和道路交通

描平面

学习功能布局和空间
组合方式，通过比例尺
了解空间尺寸和尺度

描剖面

通过平面与剖面的对
位关系了解垂直功能
布局和空间组合方式

阿迦汗博物馆

地点 | 加拿大，多伦多市
面积 | 4049 平方米
时间 | 2014 年
建筑设计 | Maki and Associates, Moriyama & Teshima 建筑事务所
摄影 | moez visram–courtesy Imara (Wynford Drive) Limited, Shinkenchiku–sha

该建筑包括四个主要功能（博物馆、礼堂、教育和餐厅）。建筑的中心是一个中央庭院，以其为核心组织的布局将不同的功能整合为一体，同时还保证了每个空间的独立性、私密性和独特性。博物馆不仅采用了美丽的光效设计，还塑造了一个充满各种特质和效果的神秘殿堂。由于使用了一系列具有不同光反射特性的天然材料，整个建筑犹如一块不断变化的画布，展现和突出了奇妙的光效。从这一点来看，该建筑可以被视为一颗绚烂多彩的宝石，呈现出美妙的反射性、色变性、透明性和视觉的神秘性。

NOTES

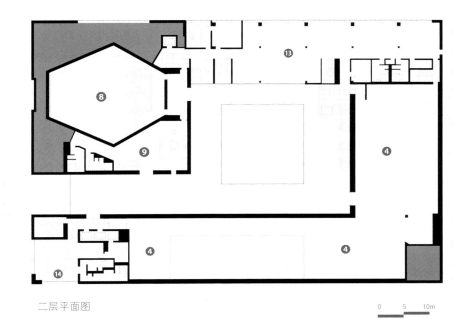

二层平面图

0　5　10m

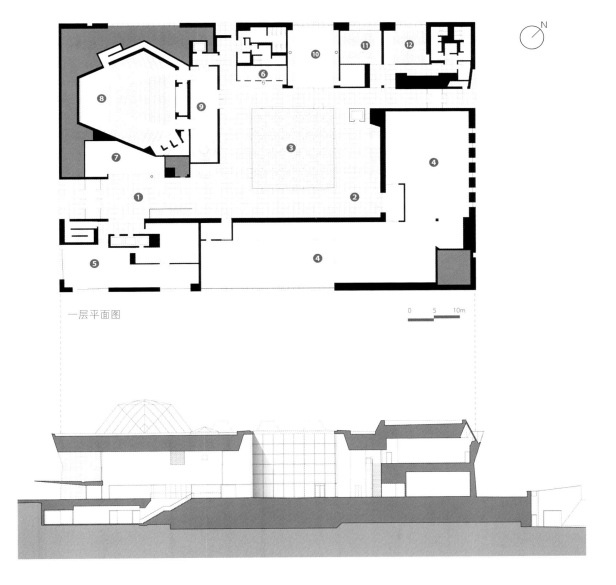

一层平面图

0　5　10m

N

❶ 前厅
❷ 接待处和
　 展览区
❸ 庭院
❹ 展览区
❺ 餐厅
❻ 咖啡厅
❼ 商店
❽ 礼堂
❾ 休息室
❿ 图书馆
⓫ 教室
⓬ 工作间
⓭ 办公室
⓮ 休息厅

拉戈塔文化中心——烟草博物馆

地点 | 西班牙，纳瓦尔莫拉尔德拉马塔市
面积 | 1220 平方米
时间 | 2015 年
建筑设计 | LOSADA GARCIA 事务所
摄影 | Miguel de Guzman

该建筑的几何造型参考了烟草植物的结构特点，体现了平等和多样的原则，这在蔬菜中也能看到——所有的叶片都大体相似，同时却各有不同。该建筑包含一个垂直的核心通道，整体结构像植物一样，每层的大小和形状看似相同，但是高度却略有不同，并且彼此间有着轻微的偏移。五个楼层就像五个摞在一起的盒子，这些楼层的错位排列方式创造了"盒子"彼此叠加的效果。

NOTES

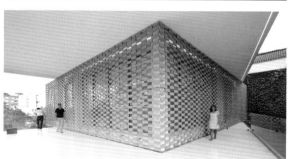

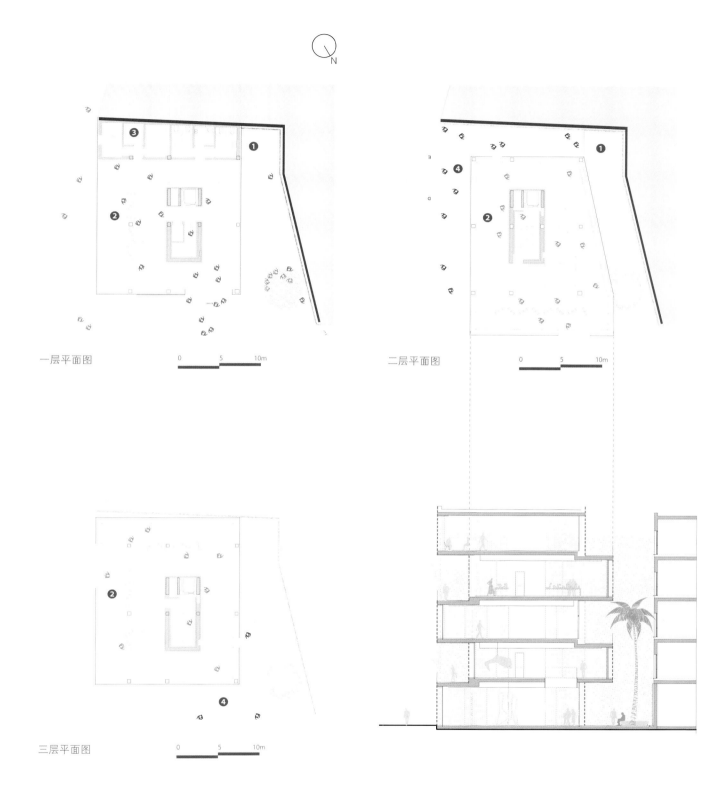

一层平面图　　0　　5　　10m

二层平面图　　0　　5　　10m

三层平面图　　0　　5　　10m

❶ 绿墙
❷ 展览区
❸ 办公室
❹ 阳台

佩洛特自然科学博物馆

地点 | 美国，达拉斯市
面积 | 16 722 平方米
时间 | 2012 年
建筑设计 | Morphosis 建筑事务所
摄影 | Jasmine Park

新的设计并没有将博物馆建筑作为一种展览背景，而是将其作为一种科学教育工具。从进入博物馆开始，游客们便会沉浸在对城市的自然体验中，整个建筑犹如一个漂浮在景观化基座之上的巨大立方体。屋顶景观绵延起伏，是由岩石和本地的耐旱草种构成的，体现了达拉斯特有的地质风貌，展示了一个随时间而自然演变的生命系统。

NOTES

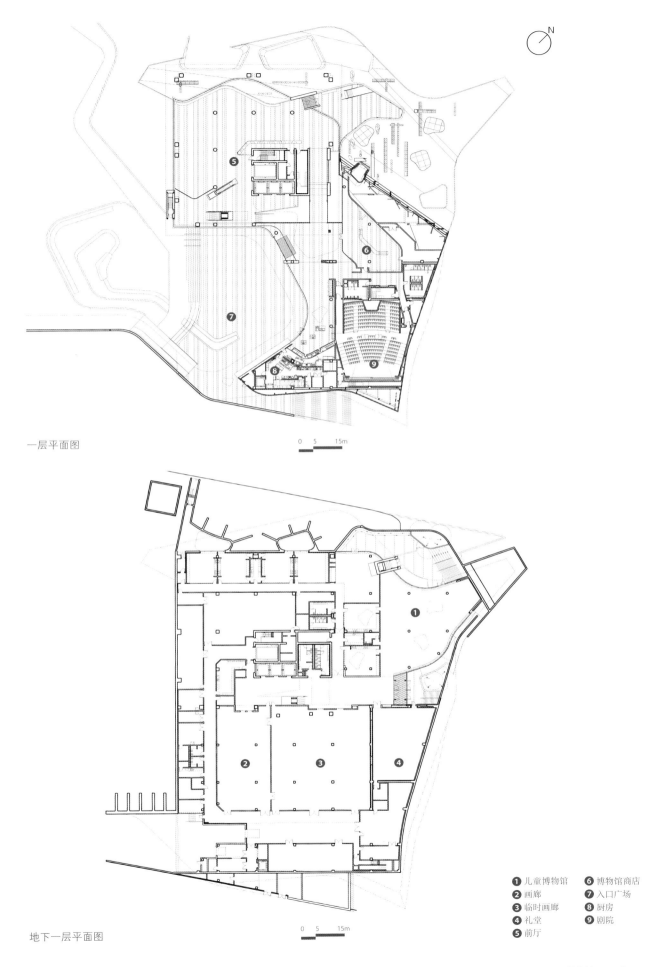

一层平面图

0 5   15m

地下一层平面图

0 5   15m

❶ 儿童博物馆　　❻ 博物馆商店
❷ 画廊　　　　　❼ 入口广场
❸ 临时画廊　　　❽ 厨房
❹ 礼堂　　　　　❾ 剧院
❺ 前厅

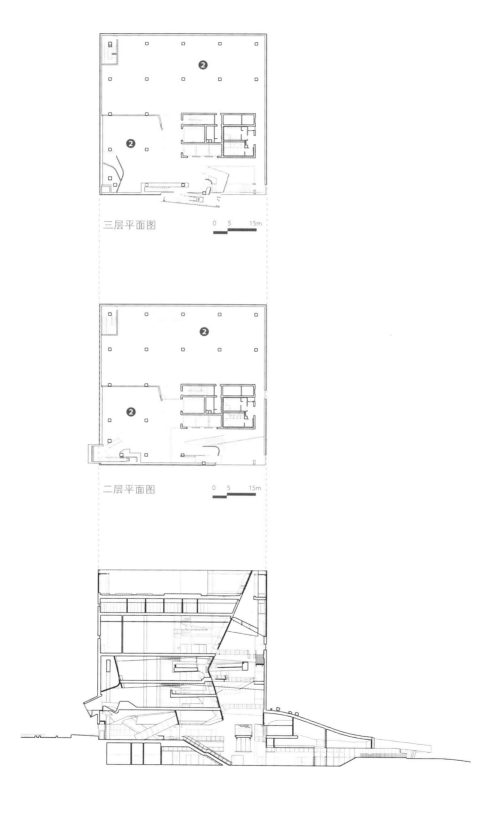

三层平面图   0　5　15m

二层平面图   0　5　15m

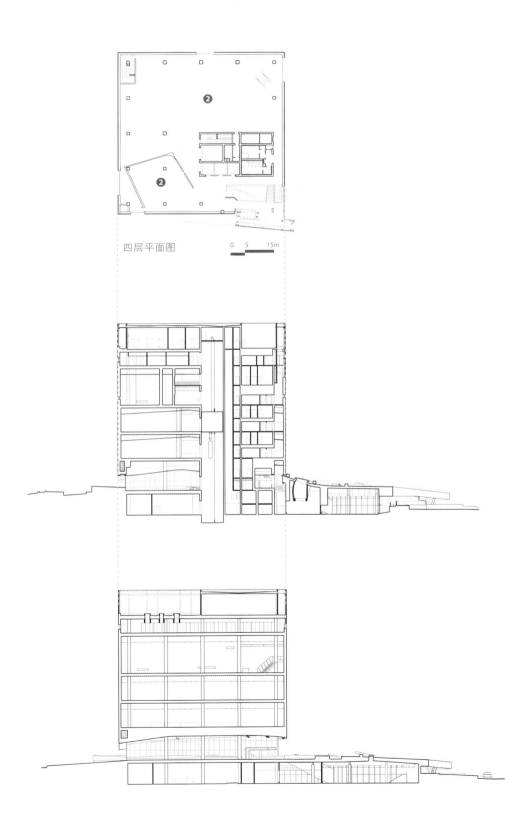

四层平面图　　　0　5　15m

❶ 儿童博物馆　❻ 博物馆商店
❷ 画廊　　　　❼ 入口广场
❸ 临时画廊　　❽ 厨房
❹ 礼堂　　　　❾ 剧院
❺ 前厅

特洛伊博物馆

地点 | 土耳其，恰纳卡莱市
面积 | 11 000 平方米
时间 | 2018 年
建筑设计 | Yalin 建筑设计公司
摄影 | Emre Dörter，Murat Germen

建筑师设计了一个边长为 32 米的坚固立方体结构，建筑的外表面覆盖着考顿钢外壳，自然的锈迹表达了现在与过去的关联。参观者可以沿着向下的宽阔坡道，将特洛伊的景观留在身后，进入一个地下步道。步道环绕着从透明的屋顶升起的锈红色、土色的展览空间。展览空间分为四层，分别展示了特洛伊及其文化、青铜时代的特洛伊、古典时代的伊利亚特和特洛伊、特洛伊考古史。

NOTES

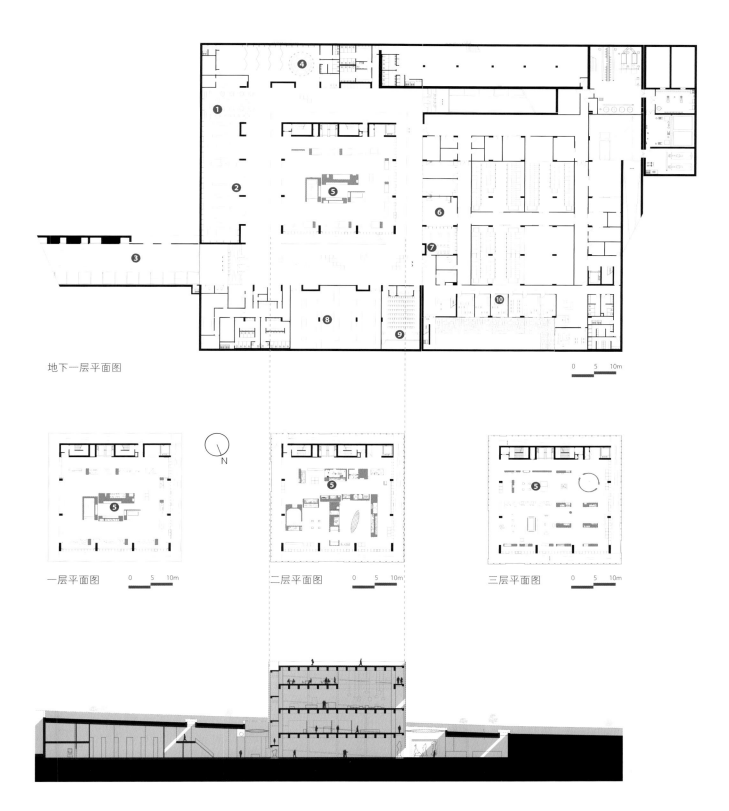

地下一层平面图

0　5　10m

一层平面图　　0　5　10m

二层平面图　　0　5　10m

三层平面图　　0　5　10m

N

❶ 咖啡厅　　　　　❻ 实验室
❷ 博物馆商店　　　❼ 图书馆
❸ 入口坡道和开　　❽ 临时展览区
　 放式展览区　　　❾ 礼堂
❹ 儿童活动大厅　　❿ 办公室
❺ 展览区

尼姆罗马文化博物馆

地点 | 法国，尼姆市
面积 | 9100 平方米
时间 | 2018 年
建筑设计 | 2Portzamparc 建筑事务所
摄影 | Sergio Grazia，Wade Zimmerman

该建筑的布局围绕着一条内部街道组织，这条道路沿着奥古斯都时代的古老城墙遗迹延伸。所有人都可以进入这条公共通道，它在视觉上将古老的圆形竞技场周边的广场与考古花园相连。当游客和漫步者穿过博物馆完全透明的一楼时，他们会被吸引着去发现此地的古代宝藏。通过外墙立面上众多的开口，人们可以从不同的视角观看下面的圆形竞技场和考古花园。所有的展览空间都与外部形成了无缝连接，使城市元素渗透到博物馆之中。

NOTES

一层平面图　　　　　0 5 15m

夹层平面图　　　　　0 5 15m

地下一层平面图　　　　　0 5 15m

N

❶ 花园
❷ 管理区
❸ 自助餐厅
❹ 大厅
❺ 书店
❻ 展览区

上海自然博物馆

地点 | 中国，上海市
面积 | 44 517 平方米
时间 | 2015 年
建筑设计 | Perkins+Will 建筑事务所
摄影 | Steinkamp Photography

上海自然博物馆的设计灵感源自传统的中国园林，注重自然灵气与建筑实体的结合。博物馆位于市中心的雕塑公园内，建筑平面呈螺旋之势缓缓而上，轻柔地环抱着椭圆状的镜面水池，让人不禁联想到自然界最纯粹的几何形态之一——外形协调且比例适中的鹦鹉螺壳。博物馆通过与项目场地、夸张的室外特征及室内细节之间的联系，彰显出人与自然的和谐感。

NOTES

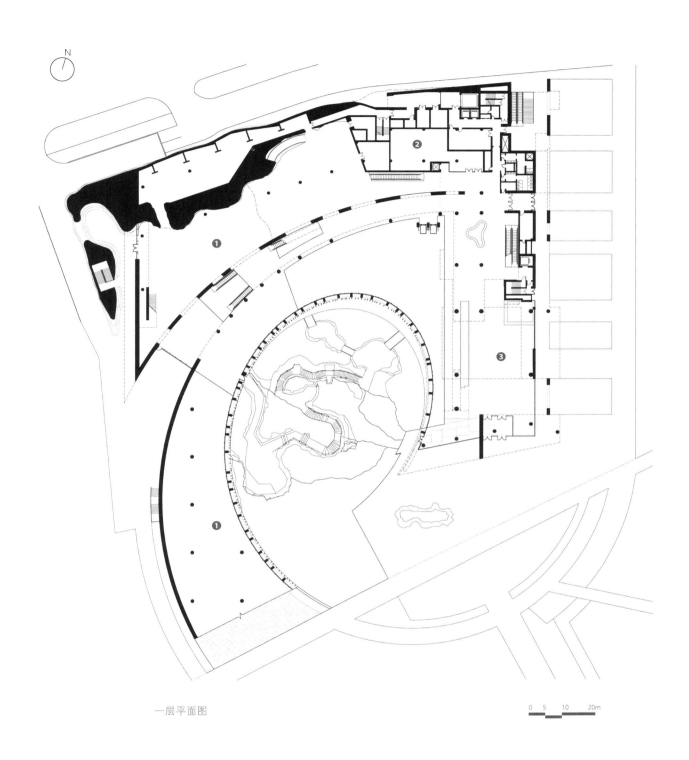

一层平面图

0 5 10   20m

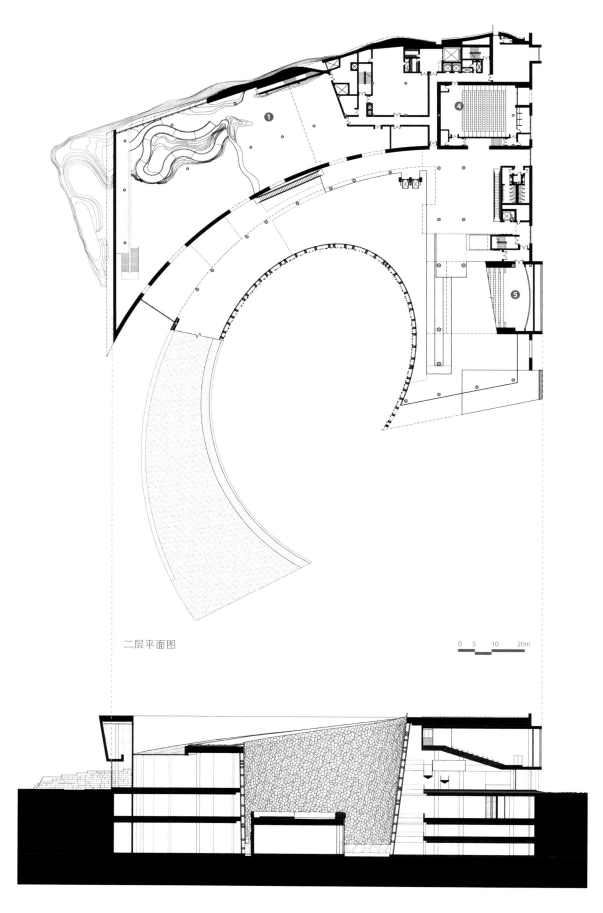

二层平面图

0　5　10　　20m

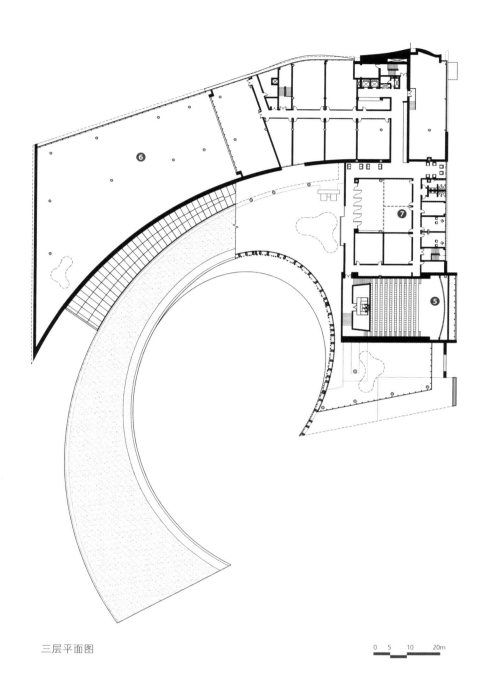

三层平面图

0 5   10   20m

❶ 展厅
❷ 礼品店
❸ 入口大堂
❹ 报告厅
❺ 四维影院
❻ 行政区域
❼ 会议室

哈斯特帕大学博物馆和生物多样性中心

地点 | 土耳其，安卡拉市
面积 | 6500 平方米
时间 | 2018 年
建筑设计 | Erkal 建筑事务所
摄影 | Yercekim Architectural Photography

该建筑坐落在一个朝东的斜坡之上，建筑的周边与一个用石板覆盖保护的地块系统相连，其中包括未来的国家植物园。入口平台提供了居高临下的视野，人们可以俯瞰这里的花园和城市的东部。博物馆由动物学、医学和人类学展览厅组成，它们分别位于上层和底层空间。由于这些空间与这里的花园相连，较低的楼层还设有植物展览，其中包括一个计划用于未来开发的温室。

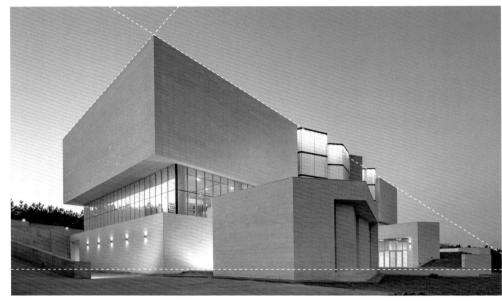

NOTES

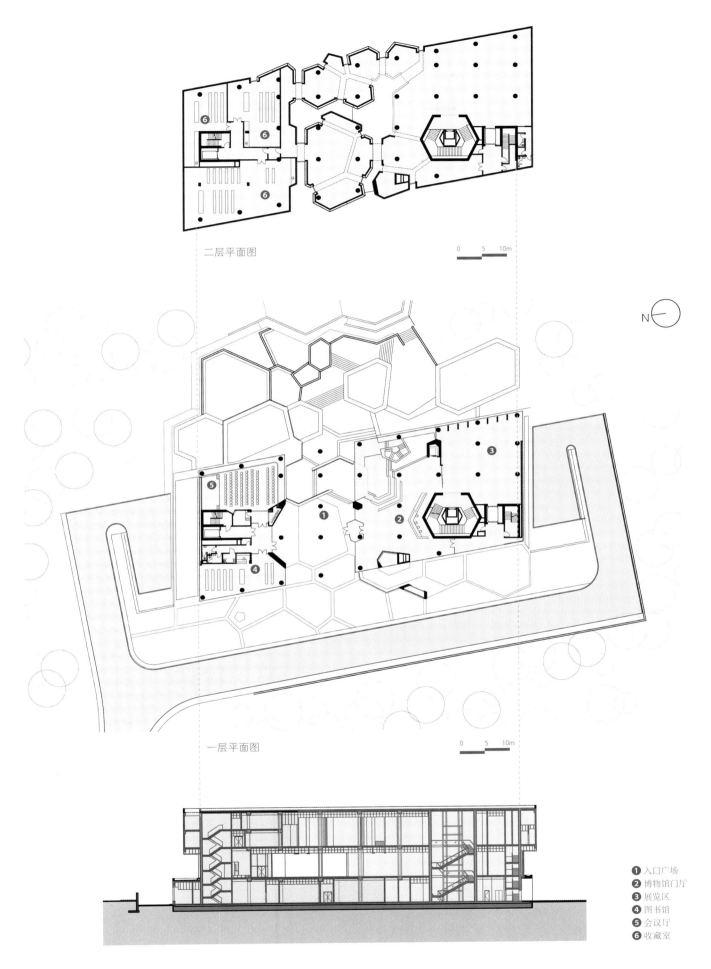

二层平面图

0　5　10m

N

一层平面图

0　5　10m

❶ 入口广场
❷ 博物馆门厅
❸ 展览区
❹ 图书馆
❺ 会议厅
❻ 收藏室

动态木材博物馆

地点 | 韩国，仁川市
面积 | 1174 平方米
时间 | 2017 年
建筑设计 | Eunju Han 建筑事务所，softarchitecturelab Ltd.
摄影 | Kyungsub Shin，softarchitecturelab

该建筑呈现出丰富多样的木材运用方式：首先，空间采用了交互式的木制外墙立面，在内外之间形成了实时互动的空间关系。其次，在外露的混凝土饰面上采用了木模模板，形成了美妙的图案。再次，在一楼的外墙上安装了油漆的黑色木制百叶窗，与大楼周围的绿色形成鲜明对比，使博物馆附近的树木更为显眼。最后，天花板下方众多半米长的木条营造出的室内氛围，让人仿佛置身森林之中。

NOTES

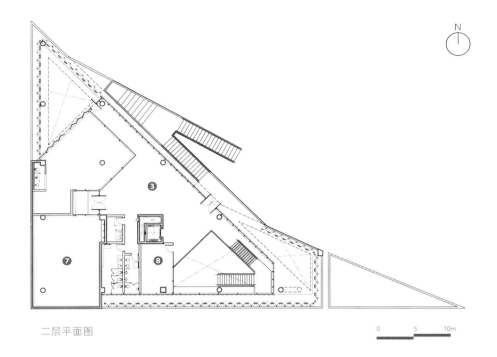

二层平面图

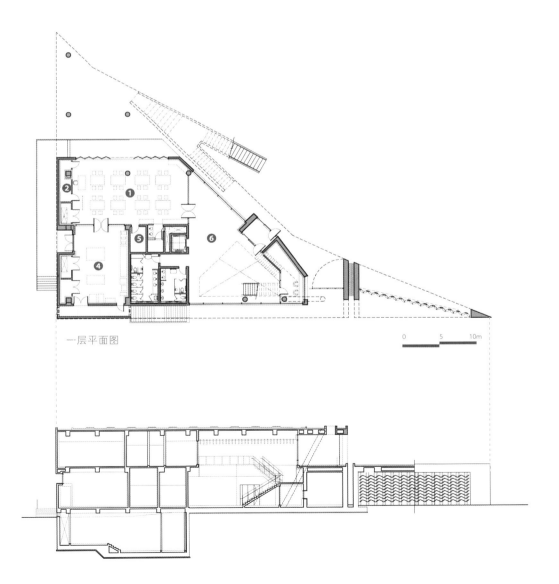

一层平面图

0 5 10m

1 木材工作室
2 储存室
3 大厅
4 木工准备室
5 教练室
6 前厅
7 儿童木材博物馆
8 研讨室

摇滚博物馆

地点 | 丹麦，罗斯基勒市
面积 | 3100 平方米
时间 | 2016 年
建筑设计 | MVRDV，COBE
摄影 | Ossip van Duivenbode

拥有巨大悬臂的博物馆面积达 3100 平方米，除了主要的博物馆区域之外，还有一个礼堂、一些行政管理设施和一个酒吧。嵌入厂区之中的新建筑矗立在四个支撑结构上，参观者可以从这些位置进入博物馆和上方的礼堂。粗糙的混凝土与活泼的红色钻石造型形成鲜明对比，这种材料的组合方式洋溢着摇滚音乐的气息，镶嵌着金色氧化铝面板的外墙对摇滚乐历史上的主要人物致以敬意，而鲜艳的红色内饰宛若吉他盒内柔软的天鹅绒内衬。

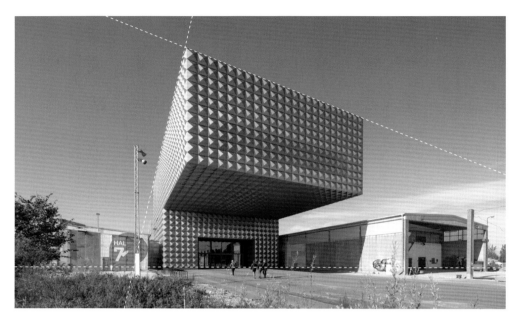

NOTES

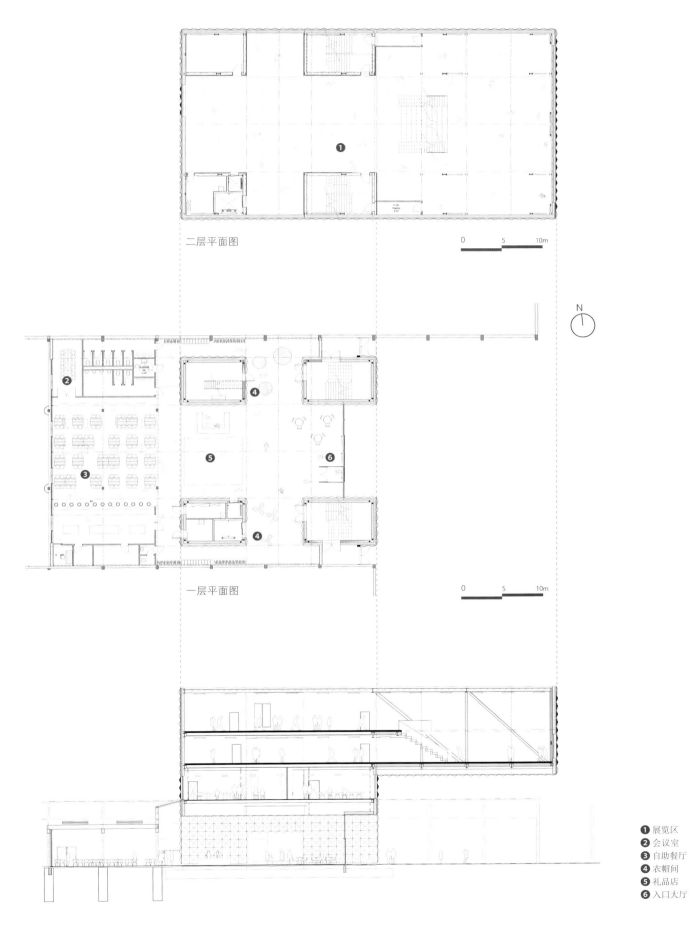

二层平面图

0　5　10m

N

一层平面图

0　5　10m

❶ 展览区
❷ 会议室
❸ 自助餐厅
❹ 衣帽间
❺ 礼品店
❻ 入口大厅

格但斯克第二次世界大战博物馆

地点 | 波兰，格但斯克市
面积 | 57 386 平方米
时间 | 2017 年
建筑设计 | KWADRAT 建筑工作室
摄影 | Tomasz Kurek

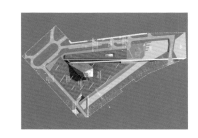

该建筑的构思意图十分简单——为了在较小的地面上保证大型广场的空间，使整个建筑具有象征性，把博物馆的主要部分放置在地下。主体建筑以 67° 角倾斜，并延伸至地下，有效地提供了九层空间。大楼的三面外墙都覆盖着红色的混凝土面板，第四侧立面和屋顶则采用了玻璃幕墙。大部分设备安装竖井都位于外墙立面一侧，从而最大限度地减少了建筑内部的竖井，改善了建筑的结构静力特点。

NOTES

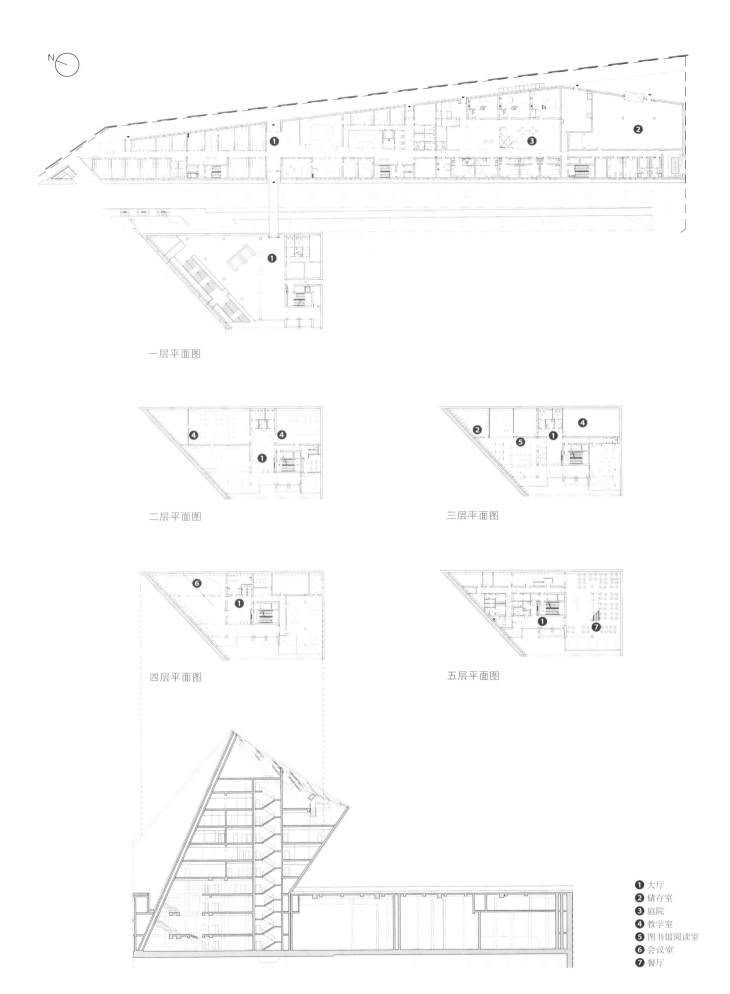

一层平面图

二层平面图

三层平面图

四层平面图

五层平面图

❶ 大厅
❷ 储存室
❸ 庭院
❹ 教学室
❺ 图书馆阅读室
❻ 会议室
❼ 餐厅

特拉维夫大学斯坦哈特自然历史博物馆

地点 | 以色列，雅法市
面积 | 24 000 平方米
时间 | 2018 年
建筑设计 | Kimmel Eshkolot 建筑事务所
摄影 | Amit Geron

该建筑作为特拉维夫大学令人惊奇的自然历史收藏品的新家，不仅拥有各种展览空间，还可以开展各项研究活动。这些从未展出过的收藏品放置在一个巨大的"木箱"中——仿佛一个珍贵的动植物标本宝盒。建筑将这个宝盒围在其中，像一个神秘的物体吸引着公众前来探秘。这个如同木盒的结构本身象征着永恒的品质，同时具有古老和未来的气息。外表覆盖的工业木板为收藏品创造了高度隔离的环境，确保了对气温条件的严格控制。

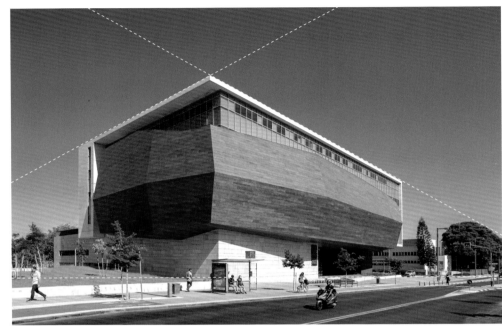

NOTES

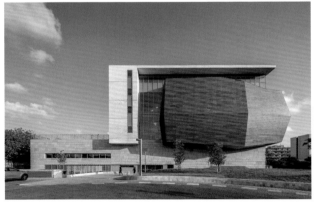

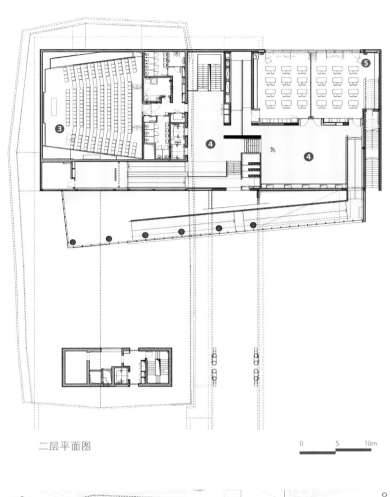

二层平面图

0 5 10m

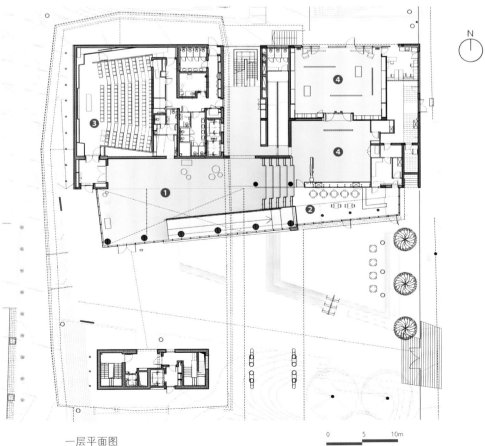

一层平面图

0 5 10m

N

❶ 博物馆大厅
❷ 咖啡厅
❸ 礼堂
❹ 展览区
❺ 教室
❻ 收藏室
❼ 研究办公室
❽ 实验室

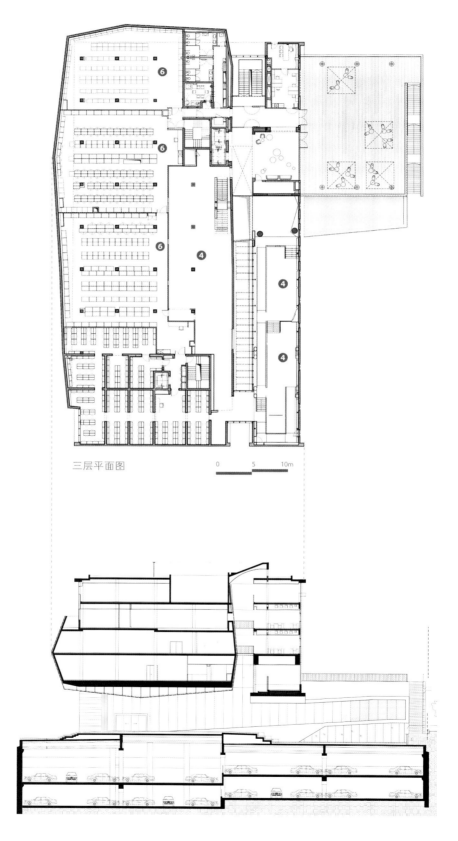

三层平面图

0 5 10m

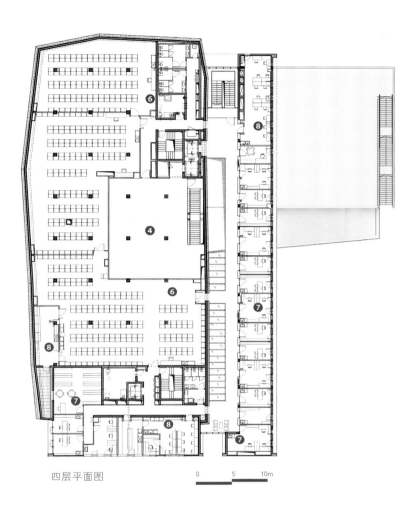

四层平面图

0   5   10m

比斯博施博物馆岛

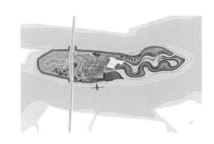

地点 | 荷兰，韦尔肯丹市
面积 | 1300 平方米
时间 | 2017 年
建筑设计 | Marco Vermeulen 工作室
摄影 | Ronald Tilleman

该博物馆利用了很多当地的可用资源，不仅包括能源供应和水资源处理，还有一家啤酒餐厅可提供美味佳肴。新建的永久展区全方位展现了比斯博施的历史、博物馆的文化和精品收藏。比斯博施的独特故事分别在七个展厅中展出，含盖了其全部历史范围。在激发全部感官的多媒体空间中，展厅展示了这里的居民、经济、手工艺和自然环境。原始的电影资料、照片、访谈记录和工具生动地描绘了该地区和居民的历史。

NOTES

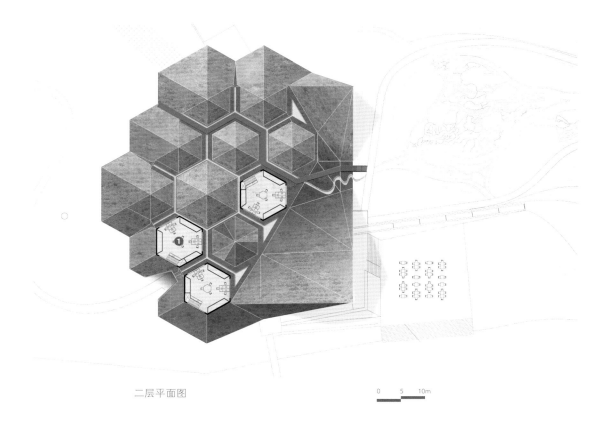

二层平面图

0 5 10m

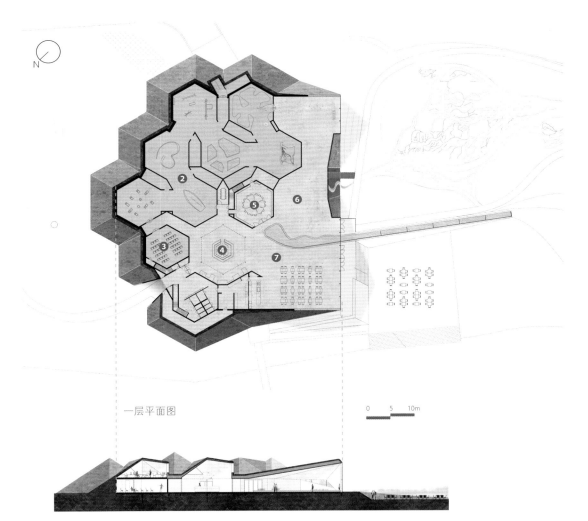

N

一层平面图

0 5 10m

❶ 办公室
❷ 展览区
❸ 电影大厅
❹ 入口大厅
❺ 图书馆
❻ 临时展览区
❼ 餐厅

路易斯安那州立博物馆和体育名人堂

地点 | 美国，纳契托什市
面积 | 2601 平方米
时间 | 2013 年
建筑设计 | Trahan 建筑事务所
摄影 | Tim Hursley

博物馆的内部反映了该地区的河流地貌特征——蜿蜒的河流雕塑展现了几个世纪的景观地貌转变。整个雕塑使用了1100 块独特的铸石面板，将建筑内部的各个系统无缝地整合在一起，并可作为展览和电影的背景画布。方方正正的外观极为简单，与蜿蜒曲折的内部空间形成了鲜明对比，突出了城市与自然环境的对话。外墙覆盖的褶皱铜板采用了表面结合技术，不仅呼应着附近种植园常见的百叶窗，还可以用于调节光线、视野角度和通风。

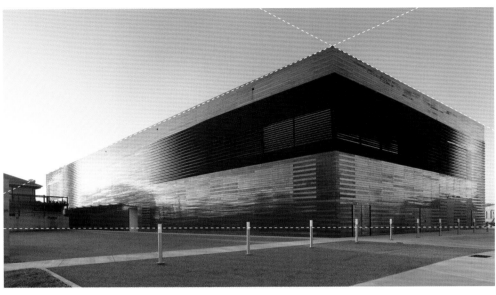

NOTES

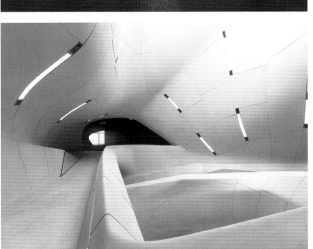

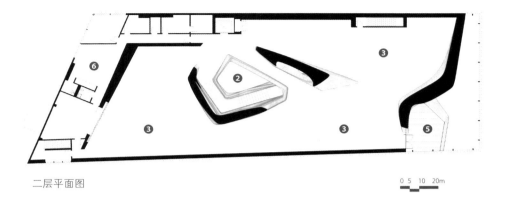

二层平面图

0 5 10 20m

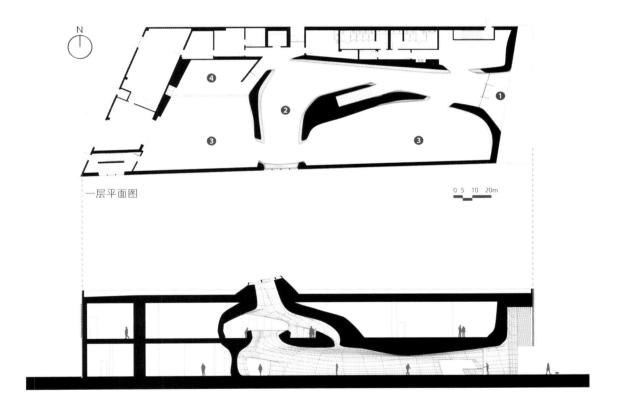

N

一层平面图

0 5 10 20m

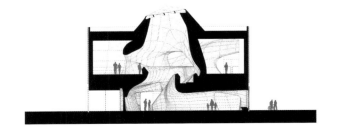

❶ 门廊
❷ 门厅
❸ 画廊
❹ 教室
❺ 阳台
❻ 行政区域

中国国际设计博物馆

地点 | 中国，杭州市
面积 | 8000 平方米
时间 | 2018 年
建筑设计 | Álvaro Siza，Carlos Castanheira
摄影 | Fernando Guerra

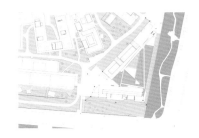

这块场地呈三角形，并且必须根据城市和环境规划的限制要求来进行建设。这样也就确定了建筑可能的占地面积和体量大小。博物馆在室内布局中强调的是访客流动的顺畅性，同时也让空间具有灵活的使用性。地下空间计划用作技术、档案和服务区域，还有一个咖啡厅直接连接到建筑中心的三角形庭院。地下空间的上方为一楼，设有入口、公共空间和休息区，另外还有分配空间、临时展厅和礼堂。

NOTES

一层平面图

0 5 10m

地下一层平面图

0 5 10m

❶ 展厅
❷ 礼堂
❸ 多功能厅
❹ 展览档案室
❺ 办公室
❻ 藏品储存室
❼ 临时展厅

若列特艺术博物馆

地点 | 加拿大，若列特市
面积 | 2900 平方米
时间 | 2016 年
建筑设计 | Les architectes FABG 事务所
摄影 | Steve Montpetit

若列特艺术博物馆被公认为魁北克省最重要的地区艺术博物馆。为了提供一系列促进永久收藏和举办临时展览的空间，以及为各年龄段的游客举办一系列教育和文化活动，对原有建筑进行全面的改造和扩建是非常必要的。二楼位于大楼入口处的一部分混凝土楼板被拆除，从而方便游客定位，并建造了令人眼前一亮的双层空间。

NOTES

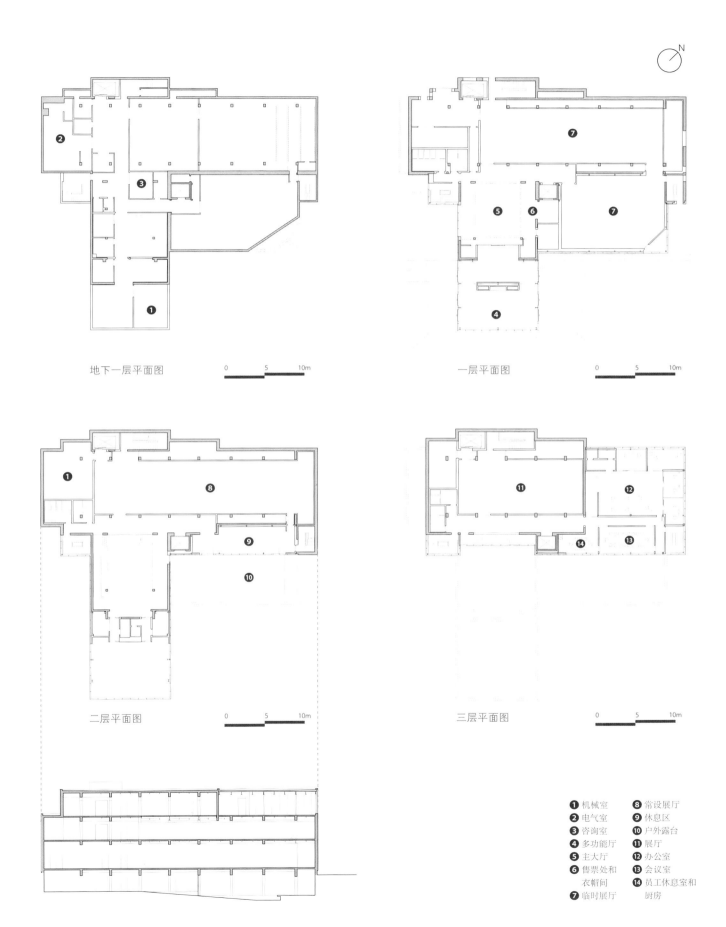

地下一层平面图　　0　　5　　10m

一层平面图　　0　　5　　10m

二层平面图　　0　　5　　10m

三层平面图　　0　　5　　10m

❶ 机械室　　　❽ 常设展厅
❷ 电气室　　　❾ 休息区
❸ 咨询室　　　❿ 户外露台
❹ 多功能厅　　⓫ 展厅
❺ 主大厅　　　⓬ 办公室
❻ 售票处和　　⓭ 会议室
　衣帽间　　　⓮ 员工休息室和
❼ 临时展厅　　　厨房

MO 现代艺术博物馆

地点 | 立陶宛，维尔纽斯市
面积 | 3100 平方米
时间 | 2018 年
建筑设计 | Libeskind 工作室
摄影 | Hufton+ Crow

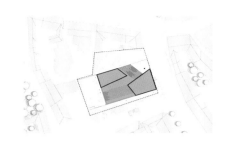

维尔纽斯市的 MO 现代艺术博物馆致力于探索立陶宛艺术家从 1960 年至今创作的作品。这座 3100 平方米的博物馆带有一个全新的公共广场，距离这座历史悠久的中世纪城市仅几步之遥，象征着维尔纽斯市的过去和现在。MO 现代艺术博物馆被设想为连接 18 世纪城市和中世纪带有城墙的城市的文化"门户"。这一构想的灵感来源于城市历史悠久的城门，并在形式和材料上参考了当地建筑的特色。

NOTES

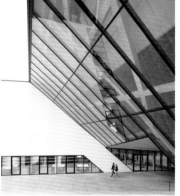

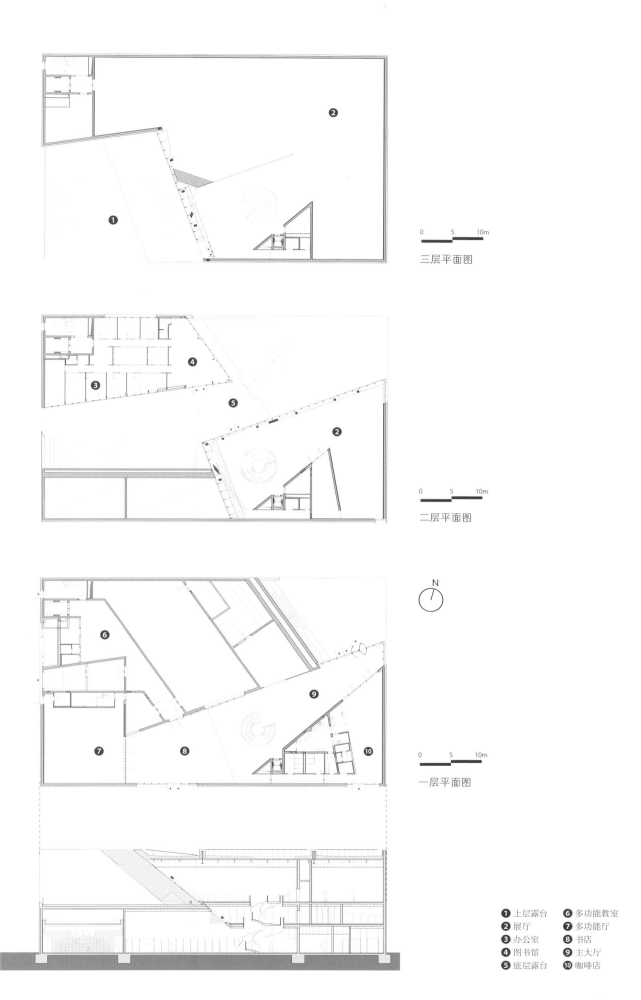

三层平面图

0 5 10m

二层平面图

0 5 10m

N

一层平面图

0 5 10m

❶ 上层露台　❻ 多功能教室
❷ 展厅　　　❼ 多功能厅
❸ 办公室　　❽ 书店
❹ 图书馆　　❾ 主大厅
❺ 底层露台　❿ 咖啡店

松恩 – 菲尤拉讷郡艺术博物馆

地点 | 挪威，弗勒市
面积 | 3000 平方米
时间 | 2012 年
建筑设计 | C.F. Møller 建筑事务所
摄影 | Oddleiv Apneseth, Jiri Havran

建筑外墙上覆盖的白色玻璃形成了斜线构成的网格图案，令人联想起冰上的裂痕。这些网格还定义了不规则的窗口轮廓。夜幕降临的时候，这些线条在灯火的映衬下格外显眼，使博物馆如同在黑暗的城市中放射着光芒的冰块。在博物馆的内部，游客可以穿过分布于四个楼层的展览空间上到屋顶露台，观赏周围山脉的全景风光。此外，屋顶露台也可以作为展览空间或表演舞台。

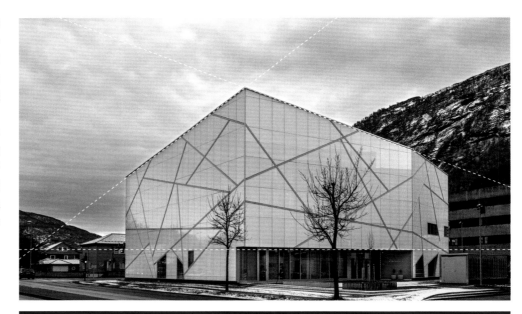

NOTES

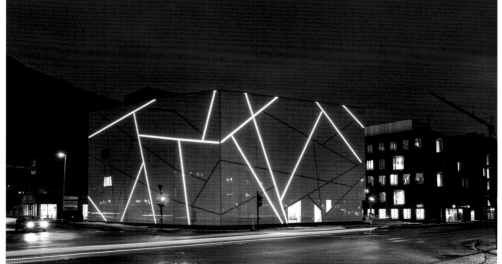

一层平面图   0   5   10m

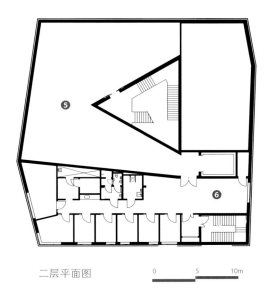

二层平面图   0   5   10m

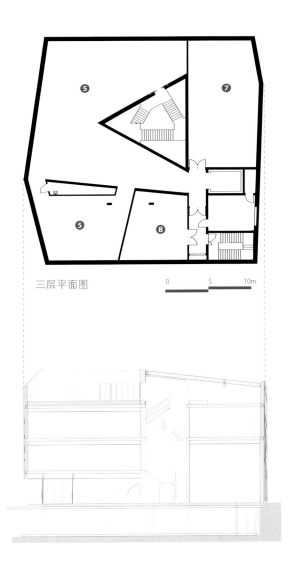

三层平面图   0   5   10m

四层平面图   0   5   10m

❶ 主入口   ❻ 图书馆
❷ 咖啡店   ❼ 临时储存室
❸ 博物馆商店   ❽ 道具室
❹ 特别展览区   ❾ 屋顶露台
❺ 展览区   ❿ 植物室

泉美术馆

地点 | 中国，北京市
面积 | 4700 平方米
时间 | 2015 年
建筑设计 | 第一实践
摄影 | 夏至、冯淑娴

建筑呈 U 形，让人联想到当地人熟悉的三合院，U 形建筑环抱出一个朝东外向型的庭院。一条没有阻隔的公共路线——从道路到庭院，再到错落的屋顶的最高处——使屋顶和立面的界限变得模糊，成为街道的延续，提供充足的室外活动和展示的场地。屋顶有一系列阶梯式的露台，其间的高度差可以让光线进入主要展览空间。室内天花板的形式与屋顶呼应，高度和比例不同的空间给展示绘画、雕塑和装置带来灵活多样的可能性。

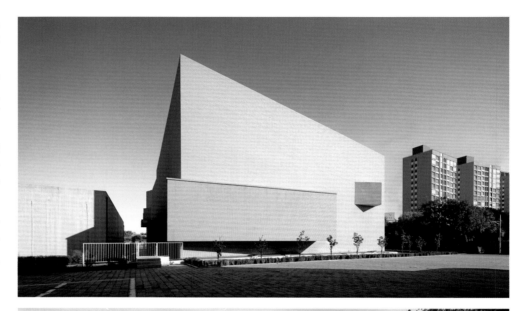

NOTES

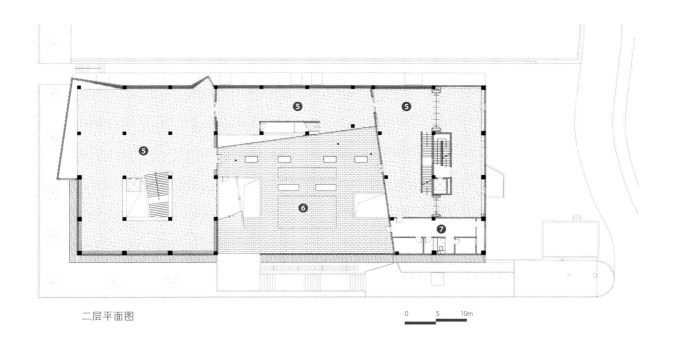

二层平面图

0　5　10m

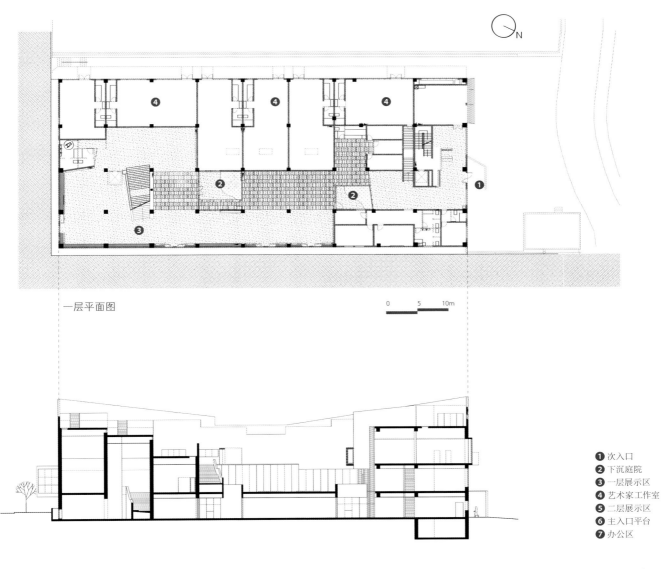

一层平面图

0　5　10m

N

1 次入口
2 下沉庭院
3 一层展示区
4 艺术家工作室
5 二层展示区
6 主入口平台
7 办公区

WAP 艺术空间

地点 | 韩国，首尔市
面积 | 600 平方米
时间 | 2017 年
建筑设计 | Davide Macullo Architects–Lugano TI 建筑事务所
摄影 | Studio Worlderful

WAP 艺术空间是由若干近似于立方体的结构塑造而成的，其玻璃幕墙上形成了边长 2 米左右的网格图案。五个主要展厅的规模各不相同，但是结构相似，让观众感受到单一的环境体验。人们可以在单一的认知体验中观赏不同空间的展品，而不会分心。每一个房间的平面布局都是规整的矩形，但是接近于正方形。加上高达 5 米的天花板，让参观者感觉置身一个立方体之中——天花板的高度足够，所以可以不限制这种感受。

NOTES

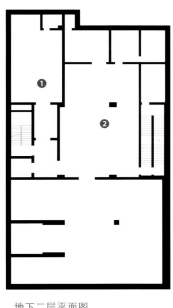

地下二层平面图

0   5   10m

地下一层平面图

0   5   10m

N

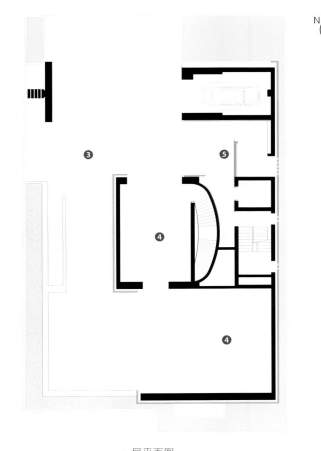

一层平面图

0   5   10m

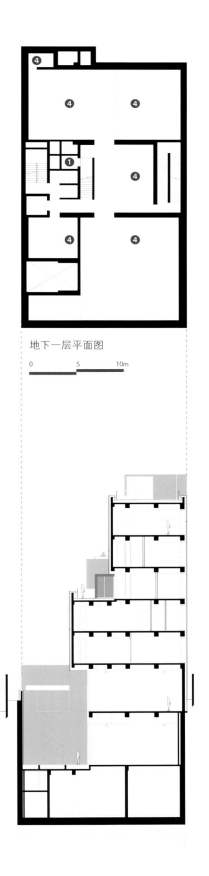

❶ 储存室
❷ 机械室
❸ 入口庭院
❹ 画廊
❺ 入口区域

莱斯利大学伦德艺术中心

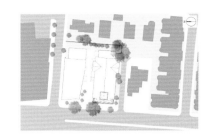

地点 | 美国，剑桥市
面积 | 6874 平方米
时间 | 2015 年
建筑设计 | 布鲁纳 / 科特（Cott）建筑师事务所
摄影 | Robert Benson Photography, Richard Mandelkorn

伦德艺术中心是莱斯利大学艺术与设计学院新的核心建筑。该项目改造之后容纳了艺术图书馆、办公室和设计工作室。建筑师在入口广场新建了一个用玻璃封闭的公共区域作为主要的入口，将两栋建筑连接在一起，并将过去和现在联系在一起，同时体现了传统工作室艺术和新媒体之间的跨学科对话。新建筑内设有一个艺术画廊，通过临街的玻璃幕墙，将室内的艺术氛围与街景融合。

NOTES

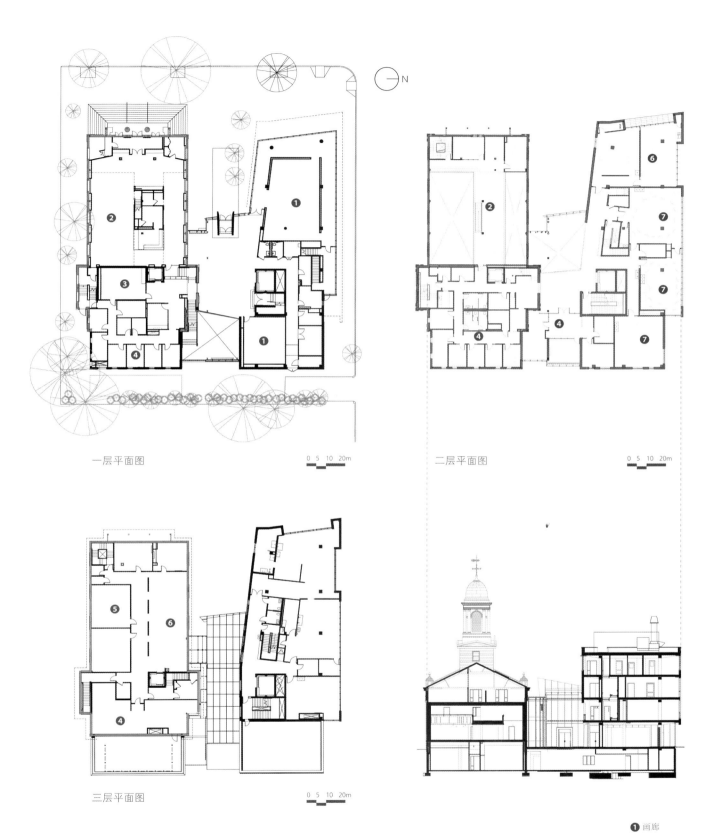

一层平面图　　　　　0　5　10　20m

二层平面图　　　　　0　5　10　20m

三层平面图　　　　　0　5　10　20m

❶ 画廊
❷ 艺术图书馆
❸ 放映室
❹ 办公室
❺ 教室
❻ 设计工作室
❼ 画室

于默奥艺术博物馆

地点 | 瑞典，于默奥市
面积 | 3500 平方米
时间 | 2012 年
建筑设计 | Henning Larsen 建筑事务所
摄影 | Åke Eson Lindman, Henning Larsen

于默奥艺术博物馆的主体结构包括三个开放的楼层，以满足不同展会的需求。除了这三个展厅外，该艺术博物馆还包含一个礼堂、儿童工作坊和行政管理部门。巨大的方形展厅内几乎看不到结构元素，充足明亮的光线从外墙立面的开口洒入，为各种展览创造了生机勃勃的多功能环境。外墙立面上竖向覆盖着落叶松木板条，强调了建筑作为于默奥市创意灯塔的象征性价值。

NOTES

一层平面图

二层平面图

三层平面图

四层平面图

五层平面图

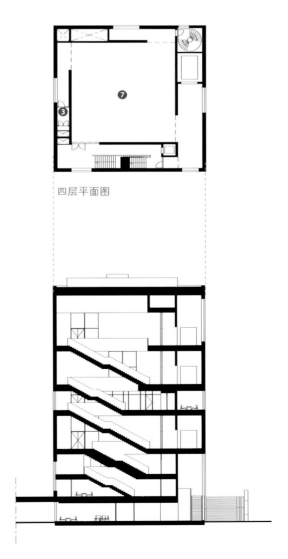

❶ 门厅
❷ 多功能厅
❸ 储存室
❹ 咖啡厅
❺ 艺术博物馆商店
❻ 儿童工作坊
❼ 展览厅
❽ 会议室
❾ 行政区域
❿ 员工休息室

刘海粟美术馆

地点 | 中国，上海市
面积 | 12 540 平方米
时间 | 2015 年
建筑设计 | 同济大学建筑设计研究院（集团）有限公司
摄影 | 章勇

刘海粟美术馆是集美术馆、博物馆和刘海粟个人纪念馆功能为一体的综合场馆，地上三层地下两层。工程的设计以耸立的形体、倾斜的中庭和大气的入口呼应原美术馆的造型，通过大手笔的体量切割塑造出强烈的雕塑感。美术馆以中庭为核心，主流线与公共空间有机融合，将交通区域与不同的展厅联成起伏变化的流动空间。建筑平面功能布局上分区明确，动静明晰，将美术馆的功能予以最大的延伸。

NOTES

一层平面图

0　5　10m

地下一层平面图

0　5　10m

N

1 摄影室　　　　**7** 行政办公室
2 多功能厅　　　**8** 会议室
3 艺术沙龙　　　**9** 研究档案室
4 艺术体验中心　**10** 艺术设计室
5 临时陈列厅　　**11** 模拟画室
6 常设陈列厅

二层平面图

0 5 10m

三层平面图

0　5　10m

❶ 摄影室　　　　　❼ 行政办公室
❷ 多功能厅　　　　❽ 会议室
❸ 艺术沙龙　　　　❾ 研究档案室
❹ 艺术体验中心　　❿ 艺术设计室
❺ 临时陈列厅　　　⓫ 模拟画室
❻ 常设陈列厅

欧洲远东美术馆

地点 | 波兰，克拉科夫市
面积 | 2675 平方米
时间 | 2015 年
建筑设计 | Ingarden & Ewý (IEA) 事务所
摄影 | Krzysztof Ingarden

欧洲远东美术馆为欧洲和东南亚的历史和当代艺术展示提供了新的展览空间。新建筑有两个展厅，都是经典的白色立方体结构空间。美术馆的高度与主楼起伏的屋顶有着协调的比例。建筑师还为美术馆设计了单独的入口区域，并设有专用的楼梯、无障碍坡道和一个露台，可用于室外的展览和艺术活动。

NOTES

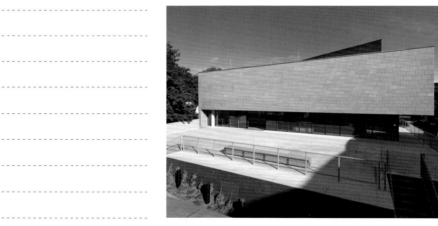

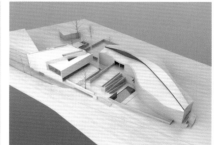

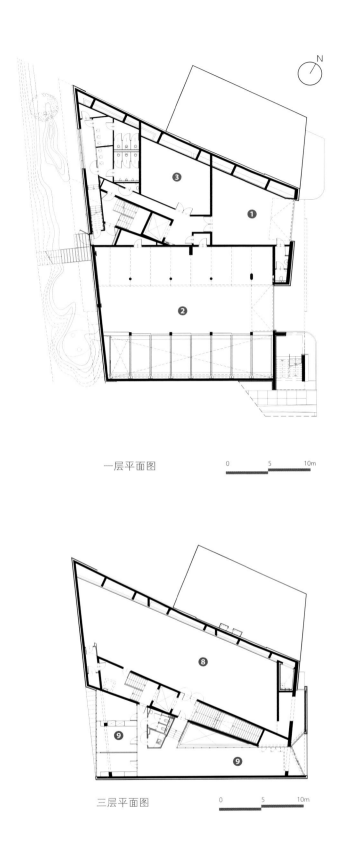

一层平面图　　　　　0　　　5　　　10m

三层平面图　　　　　0　　　5　　　10m

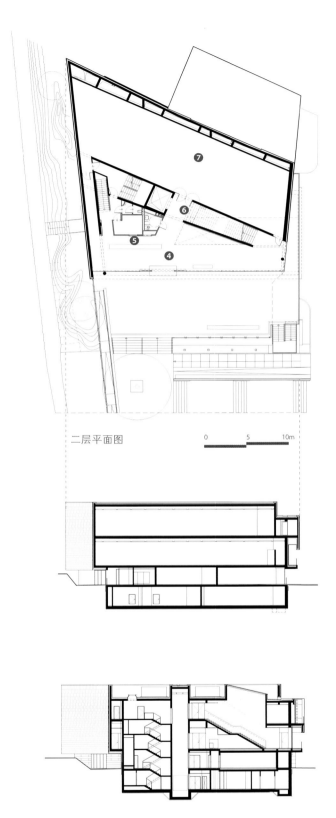

二层平面图　　　　　0　　　5　　　10m

❶ 临时储存室　　❻ 衣帽间
❷ 停车场　　　　❼ 展览区(画廊1)
❸ 储存室　　　　❽ 展览区(画廊2)
❹ 大厅　　　　　❾ 办公室
❺ 前台

乐高之家

地点 | 丹麦，比隆镇
面积 | 12 000 平方米
时间 | 2017 年
建筑设计 | BIG – Bjarke Ingels Group
摄影 | Iwan Baan

整个建筑仿佛由 21 块乐高积木搭建而成，并围成了面积约为 2000 平方米的乐高广场，广场的照明是通过这些"积木块"之间的空隙实现的。广场犹如一个都市中的洞穴，看不到任何的立柱，并完全对公众开放，使这里成为比隆镇的游客和市民通行的捷径。在广场的上方，一组展馆彼此交叠，形成了连续的展览空间。每一个展馆的色彩方案都采用了乐高的配色，因此，人们的观展之行也就成了一次色彩之旅。

NOTES

二层平面图

一层平面图

N

❶ 乐高商店
❷ 行政区域
❸ 工作室
❹ 餐厅
❺ 故事实验室
❻ 世界探索区
❼ 城市建筑区
❽ 创意实验室

华润档案馆

地点｜中国，深圳市
面积｜9000 平方米
时间｜2018 年
建筑设计｜Link-Arc 工作室
摄影｜苏圣亮

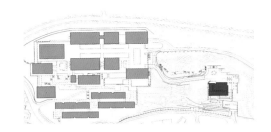

华润档案馆主要提供了两个功能：一是为客户重要的历史档案资料提供高质量的保存服务；二是在档案库的上方设置了一系列别致的展览空间。这些功能使得这座精巧的建筑为周边沿海的社区赋予了更多的历史、文化内涵。华润档案馆内的公共空间被设计成了规整合宜的方形比例。为了更好地呼应档案馆内部的功能区块和场地之间的联系，建筑师为其打造了两个空间：一个连接小径湾校园的低调的入口和一个收揽城市风貌的展览平台。

NOTES

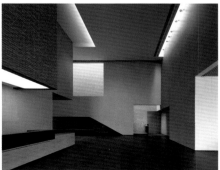

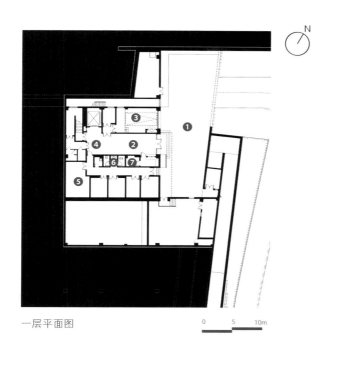

一层平面图

0   5   10m

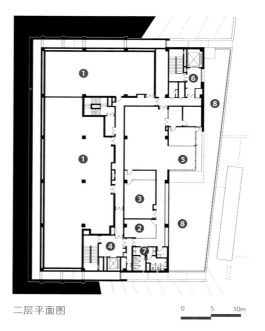

二层平面图

0   5   10m

七层平面图

0   5   10m

八层平面图

0   5   10m

❶ 档案馆储藏间
❷ 入口门厅
❸ 控制室
❹ 展厅空间
❺ 档案馆藏间
❻ 档案修复间
❼ 数字储藏间
❽ 规划办公室

阿格达艺术中心

地点 | 葡萄牙，阿格达市
面积 | 4500 平方米
时间 | 2017 年
建筑设计 | AND–RÉ 建筑事务所
摄影 | FG+SG Fernando Guerra

该建筑面积约为4500平方米，由三个部分构成——600 个座位的礼堂、展览大厅和音乐 – 咖啡厅，这三部分空间从同一个核心向外延伸，动感十足。除了主要的活动空间之外，该建筑还包括一个工作室、书店 / 商店、保护部门、行政 / 制作部门以及许多其他的配套空间。艺术中心的最终形式消除了建筑物固有的人工痕迹，但同时也保留了建筑与公共生活的必要相关性。

NOTES

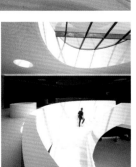

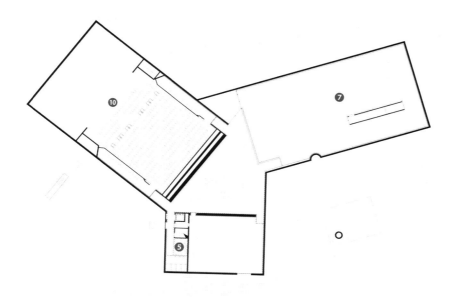

二层平面图

0　5　10m

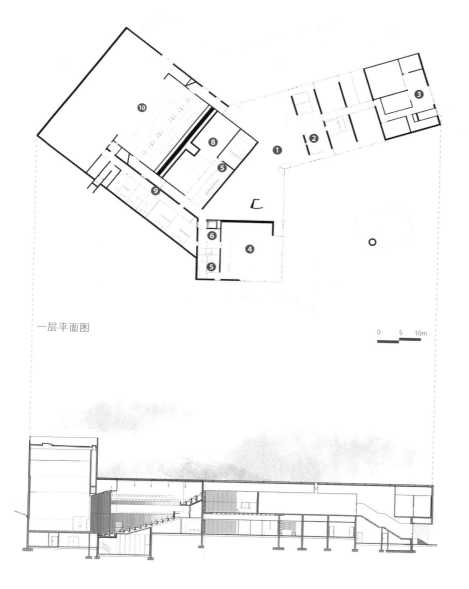

一层平面图

0　5　10m

N

❶ 主入口　　❻ 厨房
❷ 接待处　　❼ 展览厅
❸ 储存室　　❽ 工作室
❹ 自助餐厅　❾ 更衣室
❺ 公共休息室 ❿ 礼堂

Platform-L 当代艺术中心

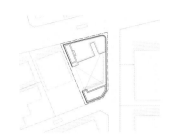

地点 | 韩国，首尔市
面积 | 313 平方米
时间 | 2016 年
建筑设计 | JOHO 建筑事务所
摄影 | Åke Eson Lindman，Henning Larsen

这是一个由多种类型的文化空间构成的综合建筑。在规划阶段，为了克服场地的局限性（一个只有 60% 建筑覆盖率的一类普通住宅区），建筑师对地下空间进行了最大化的利用。在地下 20 米处修建了一个可容纳 160 个座位的表演大厅，通过使用可伸缩座位和活动墙系统，可以举办各种类型的展览、表演和集会。位于地上的楼层内设有旗舰店、艺术馆、餐厅、VIP 酒廊和办公室。

NOTES

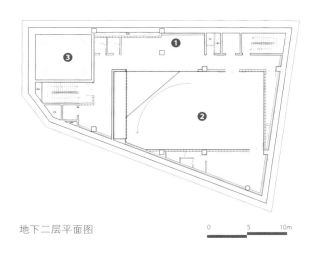

地下二层平面图　　　　　0　　5　　10m

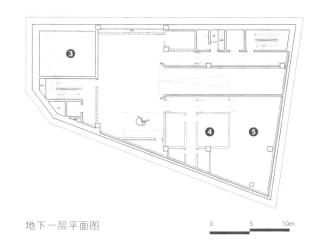

地下一层平面图　　　　　0　　5　　10m

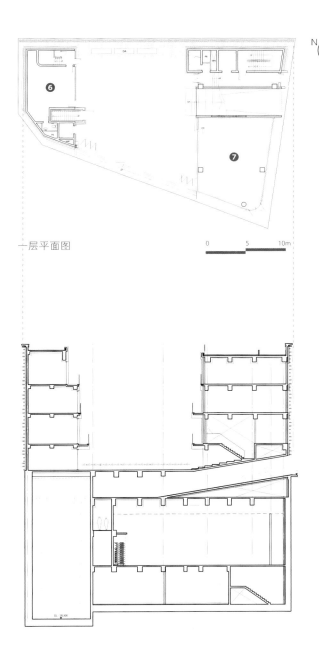

一层平面图　　　　　0　　5　　10m

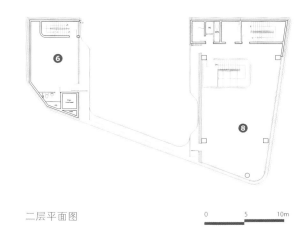

二层平面图　　　　　0　　5　　10m

❶ 酒吧
❷ 多用途礼堂
❸ 机械停车场
❹ 办公室
❺ 档案室
❻ 餐厅
❼ 艺术品商店
❽ 画廊

欧文斯伯勒 – 戴维斯县会议中心

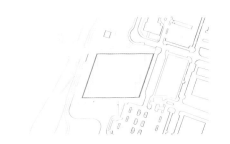

地点 | 肯塔基州，欧文斯伯勒市
面积 | 15 701 平方米
时间 | 2015 年
建筑设计 | Trahan 建筑师事务所
摄影 | Tim Hursley

新建的欧文斯伯勒 – 戴维斯县会议中心位于俄亥俄河畔，为了开展范围更广的活动、计划和事务，以及提供一个重要的经济发展工具，该市决定开发一个新的会议中心，其中包括超过 3700 平方米的展览空间、近 2800 平方米的会议空间和开阔的公共大厅，以及各种服务和配套设施。该建筑分为两层，一层是大厅和各种展厅，上层是会议空间和宴会等接待设施。人们在展厅和会议中心内可以尽赏外面优美的河景，在大厅内则可以眺望历史悠久的中心市区。

NOTES

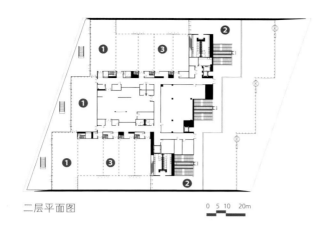

二层平面图 　　　0 5 10　20m

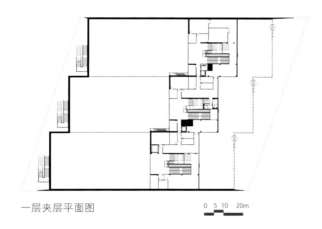

一层夹层平面图 　　　0 5 10　20m

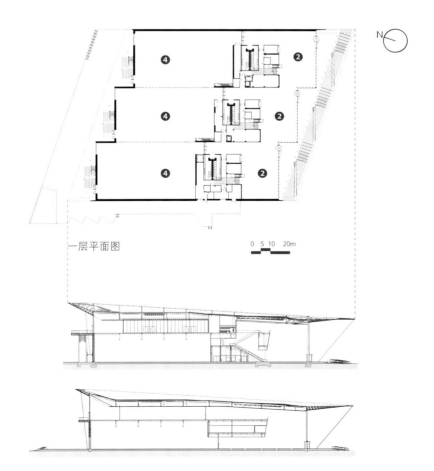

一层平面图 　　　0 5 10　20m

N

❶ 宴会厅
❷ 前厅
❸ 会议室
❹ 展厅

瑞格林艺术博物馆的亚洲艺术中心

地点 | 美国，萨拉索塔市
面积 | 16 700 平方米
时间 | 2016 年
建筑设计 | Machado Silvetti
摄影 | Anton Grassl/Esto

瑞格林艺术博物馆以永久性藏品和临时性的展馆为特色，一直被视为世界上最全面的艺术博物馆之一。亚洲艺术中心是西翼展馆扩建和改建的部分，位于博物馆综合体的西南角。为了满足客户对新的纪念性入口的需求，亚洲艺术中心的外墙表面覆盖了暗绿色的釉面陶土瓷砖，与博物馆周围广阔的自然景观融为一体。外墙立面上一共采用了 3000 多块这样的瓷砖，创造了格外引人注目的建筑外观，并重新定义了周围场地的功能性。

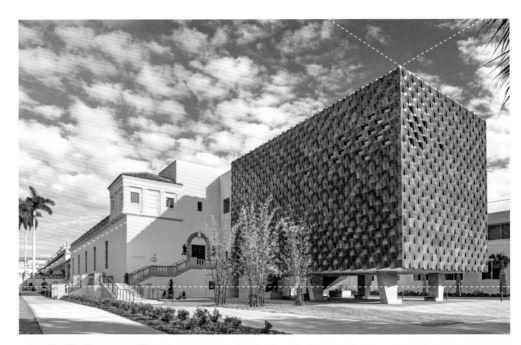

NOTES

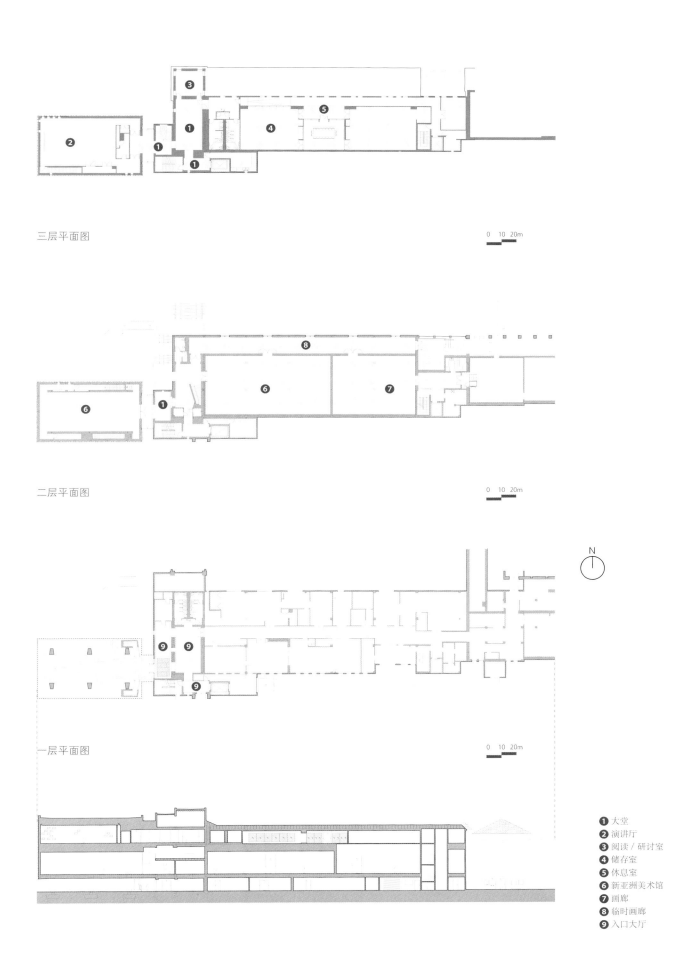

三层平面图

0 10 20m

二层平面图

0 10 20m

N

一层平面图

0 10 20m

❶ 大堂
❷ 演讲厅
❸ 阅读／研讨室
❹ 储存室
❺ 休息室
❻ 新亚洲美术馆
❼ 画廊
❽ 临时画廊
❾ 入口大厅

图书在版编目（CIP）数据

建筑案例抄绘手册 . 展览建筑篇 /《建筑案例抄绘手册》编写组编；付云伍译 . — 桂林：广西师范大学出版社，2019.9
ISBN 978-7-5598-2026-6

Ⅰ . ①建… Ⅱ . ①建… ②付… Ⅲ . ①展览馆–建筑设计–案例–世界 Ⅳ . ①TU206

中国版本图书馆 CIP 数据核字 (2019) 第 158531 号

出 品 人：刘广汉
策划编辑：高　巍
责任编辑：肖　莉
助理编辑：曲　克
装帧设计：吴　迪
广西师范大学出版社出版发行

（广西桂林市五里店路 9 号　　　邮政编码：541004）
（网址：http://www.bbtpress.com）
出版人：张艺兵
全国新华书店经销
销售热线：021-65200318　021-31260822-898
恒美印务（广州）有限公司印刷
（广州市南沙区环市大道南路 334 号　邮政编码：511458）
开本：889mm×1 194mm　　　1/16
印张：4.75　 插页：132　 字数：118 千字
2019 年 9 月第 1 版　　　2019 年 9 月第 1 次印刷
定价：98.00 元